湖北五峰后河国家级自然保护区
兽类和两栖爬行类动物图册

刘芳　李迪强　毛业勇　主编

中国林业出版社

图书在版编目（CIP）数据

湖北五峰后河国家级自然保护区兽类和两栖爬行类动物图册 / 刘芳，李迪强，毛业勇主编. -- 北京：中国林业出版社，2022.11

ISBN 978-7-5219-1965-3

Ⅰ. ①湖⋯ Ⅱ. ①刘⋯ ②李⋯ ③毛⋯ Ⅲ. ①自然保护区 — 动物 — 五峰土家族自治县 — 图集 Ⅳ.①Q958.526.34-64

中国版本图书馆CIP数据核字(2022)第238255号

中国林业出版社·自然保护分社（国家公园分社）

策划编辑: 肖　静
责任编辑: 葛宝庆
装帧设计: 张　丽　刘临川
出　　版: 中国林业出版社（100009 北京市西城区刘海胡同 7 号）
　　　　　 http://www.forestry.gov.cn/lycb.html
电　　话: (010) 83143612　83143577
发　　行: 中国林业出版社
印　　刷: 河北京平诚乾印刷有限公司
版　　次: 2022 年 11 月第 1 版
印　　次: 2022 年 11 月第 1 次
开　　本: 787mm×1092mm　1/16
印　　张: 9.5
字　　数: 100 千字
定　　价: 80.00 元

编辑委员会

前言

PREFACE

湖北五峰后河国家级自然保护区（以下简称"后河保护区"）位于我国三大阶梯的第二向第三阶梯的过渡地带，地处湘、鄂两省交界的武陵山东段。武陵山脉是中国17个具有国际意义的生物多样性关键地区、全球200个重要生态区之一，是中国生物区系核心地带——华中区的重要组成部分。保护好后河的绿水青山以及丰富的生物多样性，在我国生物多样性保护上具有重要的意义。

为了全面调查后河保护区野生动植物资源，获取翔实的资源本底信息，掌握重要物种动态变化规律，分析其生境与受威胁的主要因素，为保护区培养一批能独立完成资源调查、鉴定和资料整理的技术人员，以中国林业科学研究院森林生态环境与自然保护研究所（以下简称"森环森保所"）为主的科研机构，自2017年在后河保护区开始了为期4年的本底资源调查。调查时采用数据采集应用程序（APP）开展野外数据收集，建立了后河保护区监测平台。

后河保护区地处中亚热带湿润季风气候区，与所处气候带对应，区内地带植被分布有中亚热带典型的湿润常绿落叶林与落叶混交林，特别是大片珍稀植物群落保持着原始状态，其多样性、稀有性和代表性都十分显著。由于独特的生态环境和优越的气候条件，后河保护区兽类和两栖爬行类物种资源十分丰富。兽类调查任务由森环森保所承担，专题负责人是刘芳副研究员，主要采用系统化布设红外相机的方法收集数据，红外相机拍摄到了大量的兽类影像资料；两栖爬行类调查任务由北京林业大学承担，专题负责人为栾晓峰教授，主要采用样线和标本采集的方法获取数据，通过单反相机拍摄两栖爬行类的图片。

本底资源调查结果显示，后河保护区内已知的两栖动物有2目9科41种，占后河保护区内已知陆生脊椎动物总种数的11.1%；其中，桑植异角蟾和大绿臭蛙为保护区新记录，国家二级保护野生两栖动物包括大鲵、虎纹蛙、峨眉髭蟾和细痣瑶螈共4种。后河保护区已知的爬行动物有2目10科53种，其中，丽纹攀蜥、原矛头蝮、绞花林蛇、桑植腹链蛇和刘氏链蛇为该地区新记录物种；国家二级保护野生动物1种，即脆蛇；黑眉晨蛇和王锦蛇在《中国物种红色名录》中为濒危种，乌梢蛇为易危种。后河保护区分布有哺乳动物8目24科68种，其中国家一级保护野生哺乳动物6种，分别是穿山甲、大灵猫、金猫、云豹、金钱豹和林麝；国家二级保护野生哺乳动物8种，分别是猕猴、黑熊、黄喉貂、水獭、豹猫、毛冠鹿、中华斑羚和中华鬣羚。依据《世界自然保护联盟（IUCN）濒危动物红色名录》，后河保护区分布有受威胁哺乳动物物种7种，其中，穿山甲被列为极危种，林麝被列为濒危种，黑熊、云豹、金钱豹、中华斑羚和中华鬣羚被列为易危种。

受调查手段的限制，很多野生动物很难拍摄到，因此本图册共收录了24种兽类、10种两栖类以及24种爬行类野生动物的影像。

在本图册编制工作中得到了后河保护区管理局、湖北省各级政府以及相关部门的大力支持和帮助，在此表示衷心感谢。由于时间仓促，加之水平有限，不足之处在所难免，望各位专家和同仁批评指正。

编者

2022年10月

目录
CONTENTS

前言

Part1　两栖类

Part2　爬行类

Part3 兽类

Part 1

两栖类
Amphibians

01 细痣瑶螈

Yaotriton asperrimus

有尾目 Caudata 蝾螈科 Salamandridae

【形态特征】 雄性体长118～138mm。周身黑棕色，口角后上方无浅色突起，仅指、趾、肛缘及尾腹鳍褶下缘橘红色；头侧脊棱明显；尾短于头体长；体侧瘰粒13～16枚，瘰粒间界线明显。

【生境类型】 生活于海拔1320～1400m的山间凹地及其附近的静水塘。成螈营陆栖生活，非繁殖期多栖息于静水塘附近潮湿的腐叶中或树根下的土洞内，夜晚捕食各种昆虫、蚯蚓、蛞蝓等小动物。

【国内分布】 广西（瑶山、龙胜、环江、忻城、玉林、大容山、那坡、荔波等）、广东（信宜）、湖北有分布。

【保护区分布】 保护区内偶见于茶元坡村（海拔1210m）。

【保护级别】 IUCN：近危（NT）。国家二级保护野生动物。

龚仁琥 摄影

02 峨眉髭蟾 中国特有种

Vibrissaphora boringii

无尾目 Anura　角蟾科 Megophryidae

【形态特征】　雄性体长70~89mm，雌性体长59~76mm。雄蟾上唇缘每侧各有5~8枚角质刺，雌蟾在相应部位有数目相同的米色小点。头长宽几乎相等，吻极宽圆而扁，吻棱显著。背部皮肤具痣粒组成的网状肤棱，四肢背面细肤棱斜行，体和四肢腹面满布白色小颗粒；腋腺大，股后腺不显，胯部有1个月牙形白色斑。体背面蓝棕色略带紫色；眼睛上半蓝绿色，下半深棕色；背面和体侧有不规则深色斑点；四肢背面斑纹不规则；体腹面紫肉色，满布乳白色小点。

【生境类型】　生活于海拔700~1700m的植被繁茂的山溪附近。成蟾在山坡草丛中营陆栖生活，不善跳跃，爬行缓慢。繁殖季节在每年2月下旬至3月中旬，此期雄蟾能发出低沉的"咕—咕—咕"的鸣声。

【国内分布】　四川（都江堰、峨眉山、筠连）、贵州（印江、江口）、云南（大关）、湖北可见。

【保护区分布】　保护区内偶见于百溪河区域。

【保护级别】　IUCN：近危（NT）。国家二级保护野生动物。

朱晓琴　摄影

03 桑植异角蟾 中国特有种

Xenophrys sangzhiensis

无尾目 Anura 角蟾科 Megophryidae

【形态特征】 雄性体长55mm。眼睑外缘三角形突起大；体腹面后部无斑点；犁骨棱显著，末端略粗具细齿一团。雄性第一、第二指背面婚刺相对细密；雄性无声囊和声囊孔。头扁平，头长略大于头宽，吻部呈盾状，超出下唇缘，吻棱明显。身体背面和体侧满布细小痣粒，头侧和上唇缘无痣粒，颞褶长且呈钝角状，后端较粗厚达肩背方。体背面有细的"V"形肤棱，起自上眼睑，在背中央与纵肤棱相连成"V"形；体侧和肛上方以及股后均有疣粒。胸侧有小白腺，股后有股后腺；腹面皮肤光滑。

【生境类型】 生活于海拔1300m左右的山区流溪旁。雄蟾在流溪附近的草丛中发出"呷-呷-呷"的连续鸣声。该蟾栖息地周围有草丛，其附近流溪内有蝌蚪。

【国内分布】 湖南（桑植天平山）、湖北（利川）可见。

【保护区分布】 保护区内常见于海拔1000m以上的河流。

张国锋 摄影

04 中华蟾蜍

Bufo gargarizans

无尾目 Anura 蟾蜍科 Bufonidae

【形态特征】 雄性体长62～106mm，雌性体长70～121mm。体腹面深色斑纹很明显，腹后部有1个深色大斑块。体肥大，头宽大于头长，吻圆而高，吻棱明显。皮肤粗糙，背面满布圆形瘰疣；吻棱上有疣；上眼睑内侧有3～4枚较大的疣粒，其前后分别与吻棱和耳后腺相接，沿眼睑外缘有一疣脊；腹面满布疣粒；胫部无大瘰粒。体背面颜色有变异，多为橄榄黄色或灰棕色，有不规则深色斑纹，背脊有1条蓝灰色宽纵纹，其两侧有深棕黑色纹；肩部和体侧、股后常有棕红色斑；腹面灰黄色或浅黄色，有深褐色云斑，咽喉部斑纹少或无，后腹部有1个大黑斑。

【生境类型】 生活于海拔120～4300m的多种生态环境中。除冬眠和繁殖期栖息于水中外，多在陆地草丛、田边、山坡石下或土穴等潮湿环境中栖息。黄昏后出外捕食，其食性较广，主要以昆虫、蜗牛、蚯蚓及其他小动物为食。

【国内分布】 分布于除新疆、海南、台湾、香港、澳门外的大部分省份。

【保护区分布】 保护区内各区域均可见，尤其房屋附近常见。

陈敏豪　摄影

张国锋　摄影

朱晓琴　摄影

张国锋　摄影

05 棘胸蛙

Quasipaa spinosa

无尾目 Anura　叉舌蛙科 Dicroglossidae

【形态特征】　雄性体长106～142mm，雌性体长115～153mm。胸部每个肉质疣上仅1枚小黑刺；体侧无刺疣，背面、体侧皮肤较粗糙。体形甚肥硕，头宽大于头长，吻端圆，突出下唇，吻棱不显。皮肤较粗糙，长短疣断续排列成行，其间有小圆疣，疣上一般有黑刺；眼后方有横肤沟；雄蛙胸部满布大小肉质疣，向前可达咽喉部，向后止于腹前部，疣上均有1枚小黑刺；雌蛙腹面光滑。体背面颜色变异大，多为黄褐色、褐色或棕黑色，两眼间有深色横纹，上、下唇缘均有浅色纵纹，体和四肢有黑褐色横纹；腹面浅黄色，无斑或咽喉部和四肢腹面有褐色云斑。

【生境类型】　生活于海拔600～1500m林木繁茂的山溪内。白天多隐藏在石穴或土洞中，夜间多蹲在岩石上。捕食多种昆虫、溪蟹、蜈蚣、小蛙等。

【国内分布】　云南、贵州、安徽、江苏、浙江、江西、湖北、湖南、福建、广东、广西、香港均可见。

【保护区分布】　保护区内百溪河和后河区域均可见。

【保护级别】　IUCN：易危（VU）。

张国锋　摄影

06 崇安湍蛙
Amolops chunganensis
无尾目 Anura　蛙科 Ranidae

【形态特征】 雄性体长34～39mm，雌性体长4～54mm。体小；吻较长，约为体长的15%；第三指吸盘小于鼓膜；颞褶不显；背侧褶较窄。头部扁平，头长略大于头宽，吻棱明显。皮肤较光滑，背部橄榄绿色、灰棕色或棕红色，有不规则深色小斑点；体侧绿色，下方乳黄色且具棕色云斑；自吻端沿吻棱下方达鼓膜为深棕色。沿上唇缘达肩部有1条乳黄色线纹；下唇缘色浅；四肢背面棕褐色，有规则的深色横纹。

【生境类型】 生活于海拔700～1800m林木繁茂的山区。 非繁殖期间分散栖息于林间，繁殖期进入流溪。

【国内分布】 陕西（周至、太白）、甘肃（文县）、重庆（城口、江津）、贵州（雷山）、云南（景洪、孟连）、浙江（江山、泰顺、遂昌、龙泉、庆元）、湖南（张家界、桑植）、福建（武夷山、邵武、德化）、湖北（五峰）、广西（龙胜、德保）和四川盆地周缘山区均可见。

【保护区分布】 保护区内各区域均可见，数量较多。

陈敏豪　摄影

龙志泳　摄影

两栖类

07 华南湍蛙

Amolops ricketti

无尾目 Anura　蛙科 Ranidae

【形态特征】 雄性体长56mm，雌性体长58mm。有犁骨齿；雄蛙第一指具粗壮的乳白色婚刺，无声囊。头部扁平，宽略大于长，吻端钝圆，突出于下颌，吻棱明显。皮肤粗糙。全身背面满布细小的痣粒，间以较大的痣粒，体侧大疣粒较多；口角后端有1～2个明显的颌腺；颞褶平直斜达肩部；部分雄蛙上、下唇缘有白色细刺粒。背面为灰绿色或黄绿色，满布不规则的深棕色或棕黑色斑纹；四肢具棕黑色横纹；两眼前缘之间常有1个小白点；自吻端沿吻棱到颞褶有深色条纹。

【生境类型】 生活于海拔410～1500m的山溪内或其附近。白天少见，夜晚栖息在急流处的石上或石壁上，一般头朝向水面，稍受惊扰即跃入水中。

【国内分布】 四川（南部）、重庆（江津、南川、秀山）、云南（河口）、贵州（东北部）、湖北（利川、通山、五峰）、湖南（宜章、南岳、洞口）、江西（铅山、贵溪、井冈山、九连山）、浙江、福建、香港、广东（广州、龙门、信宜）、广西均可见。

【保护区分布】 保护区内常见于百溪河区域。

朱晓琴 摄影

08 绿臭蛙

Odorrana margaretae

无尾目 Anura　蛙科 Ranidae

【形态特征】 雄性体长81mm，雌性体长103mm。体背部深绿色，且无斑点；雄蛙胸部只有1团小白刺，略呈"△"形，无声囊。头部明显扁平，头长略大于头宽，吻端钝圆，突出于下唇，吻棱明显。皮肤光滑，无背侧褶，背部没有极细致而弯曲的深浅线纹；腹面皮肤光滑，腹侧有扁平疣，有的疣上有小白刺。背部深绿色，背部近后端及体侧棕色，散有黑色麻斑；腹面浅米黄色散有细黑点，有的咽部、胸部呈紫褐色，斑的多少差异较大。

【生境类型】 生活于海拔390~2500m的山区流溪内。溪内石头甚多，水质清澈，流速湍急。溪两岸多为巨石和陡峭岩壁，乔木、灌丛和杂草繁茂。 成蛙常栖于山涧湍急溪段，多蹲在长有苔藓、蕨类等植物的巨石或崖壁上，头迎向水面，稍有惊扰即跳入急流或深潭中。

【国内分布】 甘肃（文县）、陕西、山西（垣曲）、云南、四川、重庆、贵州、湖北（丹江口、通山、五峰）、湖南（桑植）、广西（蒙山、兴安、资源）、广东（新丰、连州）均可见。

【保护区分布】 保护区内常见于海拔1000m以上的河流，偶见于百溪河。

陈敏豪　摄影　　朱晓琴　摄影

09 花臭蛙

Odorrana schmackeri

无尾目 Anura　蛙科 Ranidae

【形态特征】 雄性体长44mm，雌性体长80mm。鼓膜大，约为第三指吸盘的2倍；上眼睑、后肢背面及背部均无小白刺；头顶扁平，头长几乎等于或略长于头宽，吻端钝圆而略尖，略突出于下唇，吻棱明显，眼至鼻孔处尤显。皮肤光滑，头体背面满布极细致而弯曲的深浅线纹，盘桓成凹凸状；体侧有大小不一的扁平疣；两眼前角之间有1个小白点；颞褶较细；口角后端有2～3颗浅色大腺粒，少数个体腹部略有细横皱纹，股后下方有小痣粒。背部为绿色，间以大的棕褐色或褐黑色大斑点，多数斑点近圆形并镶以浅色边。

【生境类型】 生活于海拔200～1400m山区的大小山溪内。溪内大小石头甚多，植被较为繁茂，环境潮湿，两岸岩壁常长有苔藓。 成蛙常蹲在溪边岩石上，头朝向溪内，体背斑纹很像映在落叶上的阴影，也与苔藓颜色相似。

【国内分布】 河南（南部）、四川、重庆、贵州、湖北、安徽（南部）、江苏（宜兴）、浙江、江西、湖南、广东、广西均可见。

【保护区分布】 保护区内常见于百溪河（海拔1000m以下）。

朱晓琴 摄影

陈敏豪　摄影

张国锋　摄影

陈敏豪　摄影

10　大树蛙

Rhacophorus dennysi

无尾目 Anura　树蛙科 Rhacophoridae

【形态特征】　雄性体长68~92mm，雌性体长83~109mm。背面绿色，其上一般散有不规则的少数棕黄色斑点，体侧多有成行的乳白色斑点或缀连成乳白色纵纹；前臂后侧及趺部后侧均有1条较宽的白色纵线纹，分别延伸至第四指和第五趾外侧缘。体大，体扁平而窄长。头部扁平，雄蛙头长宽几乎相等，雌蛙头宽大于头长，吻端斜尖，吻棱呈棱角状。背面皮肤较粗糙，有小刺粒；腹部和后肢股部密布较大扁平疣；体色和斑纹有变异，多数个体背面绿色，体背部有镶浅色线纹的棕黄色或紫色斑点；沿体侧一般有成行的白色大斑点或白色纵纹，下颌及咽喉部为紫罗蓝色；腹面其余部位灰白色。

【生境类型】　生活于海拔80~800m山区的树林里或附近的田边、灌木及草丛中，偶尔也进入附近建筑内。该蛙主要捕食金龟子、叩头虫、蟋蟀等多种昆虫及其他小动物。

【国内分布】　广东、广西、海南、福建、湖南、江西、浙江、湖北、上海、安徽、河南、贵州、重庆均可见。

【保护区分布】　保护区内偶见于海拔1000m以上的河流。

张国锋　摄影

张国锋　摄影

Part 2

爬行类
Reptiles

01 铜蜓蜥

Sphenomorphus indicus

有鳞目 Squamata　石龙子科 Scincidae

【形态特征】 雄性全长16～23cm，雌性全长16～25cm。体背面古铜色，背脊有1条黑脊纹，体两侧各有1条黑色纵带，其上不间杂白色斑点或点斑，纵带上缘镶以浅色窄纵纹；环体中段鳞行一般为34～38行，第四趾趾下瓣16～22枚。

【生境类型】 主要生活于海拔2000m以下的低海拔地区、平原及山地阴湿草丛中以及荒石堆或有裂缝的石壁处。

【国内分布】 上海、江苏、浙江、安徽、福建、江西、河南、湖北、湖南、广东、香港、广西、四川等地均可见。

【保护区分布】 保护区内各区域常见，尤其百溪河沿岸数量多。

龚仁琥　摄影

龚仁琥　摄影

陈敏豪　摄影

02 南草蜥

Takydromus sexlineatus

有鳞目 Squamata　蜥蜴科 Lacertidae

【形态特征】 体圆长细弱而不平扁，头体长52mm，尾长164mm，尾长为头体长的3倍以上。头长为头宽的2倍。吻端稍尖窄，头鳞比较粗糙，表面凹凸不平。额鼻鳞较大，长大于宽。体背橄榄棕色或棕红色，尾部稍浅；头侧至肩部，齐平地分为上半部分棕褐色，下半部分米黄色；一般尾巴边缘色深，近于黑色，体侧有镶黑的绿色圆斑。雄性背面有2条边缘齐整的窄绿纵纹。尾部具深色斑。

【生境类型】 生活于海拔1300m的林区，栖息于岩石洞穴。

【国内分布】 云南、贵州（兴义、望谟）、湖南、湖北、福建、广东、香港、海南、广西均可见。

【保护区分布】 保护区内各区域常见。

张国锋　摄影

03 丽纹攀蜥

Diploderma splendidum

有鳞目 Squamata　鬣蜥科 Agamidae

【形态特征】　成体全长2~25cm，体侧扁，背脊具棱。鼓膜被鳞，有喉褶。眼下方有1条黄绿色线纹与上唇缘平行，体背侧有1条黄绿色宽纵纹。尾长超过头体长的2倍，后肢贴体前伸最长趾端到达鼓膜前方与眼中部之间。背面棕黑色，满布黄绿色斑纹。雄蜥体侧有1条镶平直黑边的绿色宽纵纹，两侧纵纹间有分散的浅色斑点或大约成等距离的绿色细横纹；雌蜥体侧为1条波状黑边的绿色窄纵纹，其上有绿色横纹分隔。雄蜥头呈三角形，颞部隆肿，体略侧扁，尾基部膨大。雌蜥头呈椭圆形，颞部正常，体略呈背腹扁平，尾基部正常。

【生 境 类 型】　生活于山区，常见于灌丛杂草间、公路旁岩石上或碎石间。

【国 内 分 布】　华中及西南地区均可见。

【保护区分布】　保护区内偶见于百溪河。

张国锋　摄影

陈敏豪 摄影

04 黑脊蛇

Achalinus spinalis

有鳞目 Squamata　闪皮蛇科 Xenodermidae

【形态特征】 小型无毒蛇，成体全长50cm左右。体细长，呈圆柱状。头较小，与颈区分不明显。上唇鳞6（3-2-1）枚，下唇鳞5枚；无眶前鳞和眶后鳞，眶上鳞1枚； 颊鳞1枚，入眶； 颞鳞2枚+2枚，上下前颞鳞均入眶。背鳞通身23行，起棱，最外行光滑无棱或微棱；腹鳞146～173枚；尾下鳞雄性50～66枚，雌性39～56枚；肛鳞1枚。体背面棕黑色，自颈部至尾末有1条醒目的黑脊线，线宽占脊鳞及其左右各半鳞；腹面色浅，为灰黑色或灰白色。

【生境类型】 生活于山区、丘陵地带，穴居。食蚯蚓。卵生。

【国内分布】 陕西、甘肃、云南、贵州、 安徽、江苏、浙江、江西、湖南、湖北、福建、广西均可见。

【保护区分布】 保护区内主要分布于高海拔区域，如香党坪，数量较多。

向明贵 摄影　陈敏豪 摄影　向明贵 摄影　杨立 摄影

张国锋　摄影

朱晓琴　摄影

05 白头蝰

Azemiops kharini

有鳞目 Squamata　蝰科 Viperidae

【形态特征】　中小型管牙类毒蛇，成体全长50～80cm。头部白色，略扁，呈三角形，体尾背面紫黑色，有浅褐斑纹。躯、尾背面紫褐色，有（13+3）对镶细黑边的朱红色窄横纹，左右侧横纹在背中央相连或交错排列；腹面藕褐色，前段有少许棕褐斑点。

【生境类型】　生活于海拔1300m的林区，栖息于岩石洞穴。单独生活，夜行性，黄昏时分比较活跃。

【国内分布】　安徽、福建、甘肃、广西、贵州、湖南、湖北、江西、陕西、四川、西藏、云南、浙江均可见。

【保护区分布】　保护区内偶见。

向明贵　摄影

朱晓琴　摄影

06 菜花原矛头蝮

Protobothrops jerdonii

有鳞目 Squamata　蝰科 Viperidae

【形态特征】　中等大小管牙类毒蛇，体形细长，成体全长80～120cm。头较窄长，三角形；吻棱明显；上颌骨具管牙，有颊窝。背面黑黄间杂，是由于每个背鳞具有比例不一的黑黄两种颜色构成；黄色在有的地方近于草黄色，有的类似菜花黄色，故称"菜花蛇"。从整体看，有的黑色较少，整个身体趋近于草黄色；有的黑色较浓，整个身体偏黑色而杂以菜花黄色。

【生境类型】　生活于海拔1800～2000m的山区或高原。常栖于荒草坪、耕地内、路边草丛中、乱石堆中或灌木下。溪沟附近草丛中或干树枝上也可见。

【国内分布】　重庆、甘肃、广西、贵州、河南、湖北、湖南、山西、陕西、四川、西藏、云南均可见。

【保护区分布】　保护区内常见于高海拔区域，如香党坪，数量较多。

向明贵　摄影

张国锋　摄影

朱晓琴　摄影

陈敏豪　摄影

07 尖吻蝮

Deinagkistrodon acutus

有鳞目 Squamata　蝰科 Viperidae

【形态特征】 中大型管牙类毒蛇，体形粗壮。尖吻蝮全长120～150cm，大者可达200cm以上。头大呈三角形，与颈部可明显区分，有长管牙。吻端由鼻间鳞与吻鳞尖出形成1个上翘的突起；鼻孔与眼之间有1个椭圆形颊窝。背鳞具强棱21（23）-21（23）17（19）行。腹鳞157～171片。尾下鳞52～60片，前段约20枚定为单行或杂以个别成对的，尾后段为双行，末端鳞片角质化程度较高，形成一尖出硬物，称"佛指甲"。

【生境类型】 生活于海拔100～1400m的山区或丘陵地带。大多栖息在海拔300～800m的山谷溪涧附近，偶尔也进入山区村宅。炎热天气进入山谷溪流边的岩石、草丛、树根下的阴凉处度夏，冬天在向阳山坡的石缝及土洞中越冬。

【国内分布】 安徽（南部）、重庆、江西、浙江、福建（北部）、湖南、湖北、广西（北部）、贵州、广东（北部）及台湾均可见。

【保护区分布】 保护区内偶见于百溪河。

张国锋　摄影

08 山烙铁头蛇

Ovophis monticola

有鳞目 Squamata　蝰科 Viperidae

【**形态特征**】　中等大小管牙类毒蛇，体形粗短，全长50～70cm，头三角形，有长管牙。背面淡褐色，背部及两侧有带紫褐色而不规则的云彩状斑。腹面紫红色，腹鳞两侧有带紫褐色的半月形斑。眼后到口角后方有浓黑褐色条纹。颈部有"∨"形黄色或带白色的斑纹。

【**生境类型**】　常栖息于海拔315～2600m山区中，适应于各种环境，包括森林、灌丛和草地。

【**国内分布**】　分布于喜马拉雅山南坡，横断山及其东延山区，云贵高原，沿大娄山、南岭到东南沿海丘陵。在浙江、安徽、福建、台湾、湖南、湖北、广东、香港、广西、四川、贵州、云南、西藏、甘肃均可见。

【**保护区分布**】　保护区内偶见于百溪河海拔1000m以下的区域。

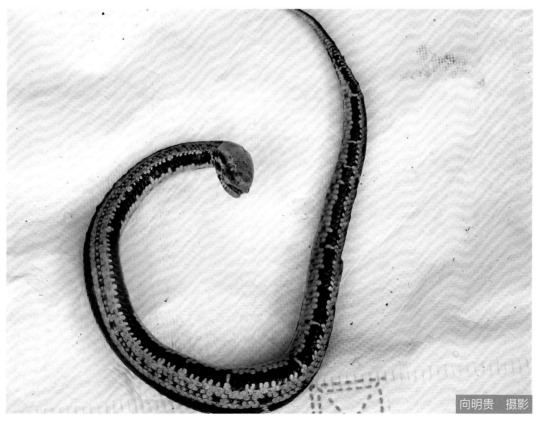

向明贵　摄影

09 福建竹叶青蛇

Trimeresurus stejnegeri

有鳞目 Squamata　蝰科 Viperidae

【形态特征】 中大型管牙类毒蛇，体形较细长。雄性全长最长可达77cm，平均全长为尾长的5.1倍；雌性全长最长可达98.1cm，平均全长为尾长的5.5倍。头大，三角形；颈细；尾较短，有缠绕性；上颌骨具中空管牙，有颊窝，带有毒腺。

【生 境 类 型】 生活于山区树林中或阴湿的山溪旁边的杂草丛、竹林中，常栖息于溪涧边灌木杂草、岩石上或山区稻田田埂杂草，或宅旁柴堆、瓜棚。垂直分布海拔为0~2000m。

【国 内 分 布】 分布于安徽、福建、甘肃、广东、广西、贵州、海南、湖北、江苏、江西、四川、云南、浙江、湖南（湘西）、台湾。

【保护区分布】 保护区内常见于海拔1000m以上的区域，数量较多。

向明贵　摄影　　陈敏豪　摄影

向明贵　摄影　　杨立　摄影

张国锋 摄影

朱晓琴 摄影

龚仁琥 摄影

龚仁琥 摄影

陈敏豪　摄影

10 中华珊瑚蛇

Sinomicrurus macclellandi

有鳞目 Squamata　眼镜蛇科 Elapidae

【形态特征】　中等大小前沟牙类毒蛇，成体全长50～80cm。头椭圆形，较小。有前沟牙。头背眼后有1块黄白色"∧"形斑；背面紫褐色，有黑色横带，在躯干部有19～21条，在尾部有3～4条；背鳞光滑，通体15行；腹鳞176～198枚；肛鳞2枚；尾下鳞30～36对。

【生境类型】　生存于海拔215～2483m。栖息于山区森林中，夜间活动，很少咬人，吞食其他小蛇。栖息于山区森林中，夜间活动，很少攻击人，白天性格懒惰，相对温和，有时藏于地表枯枝败叶下。

【国内分布】　江苏、浙江、安徽、福建、江西、湖南、湖北、海南、广东、广西、四川、重庆、贵州、云南、西藏、甘肃等地均可见。

【保护区分布】　保护区内偶见于海拔1000m以上的区域。

【保护级别】　IUCN：近危（NT）。

朱晓琴　摄影

11 绞花林蛇

Boiga kraepelini

有鳞目 Squamata　游蛇科 Colubridae

【形态特征】　中等偏大的后沟牙毒蛇，全长81~150cm。头大颈细，头颈区分明显；眼较大，瞳孔椭圆。上唇鳞8（2-2-4）枚或10（2-2-6，2-3-3，2-3-5）枚；眶前鳞2（3）枚，眶后鳞1（2或3）枚；颞鳞小。背鳞光滑斜行，21（23，25）-19（21）-17（15）行，脊鳞不明显扩大；腹鳞227~243枚，肛鳞2枚，尾下鳞112~154对。体背面棕色、褐灰色或赤褐色，背中线饰有黑色或黑褐色大斑，大斑两侧各有1行交错排列的小斑；腹面暗白色或黄褐色，饰以不规则斑纹。吻端至前额鳞后缘有短黑纵纹，眼后至口角有褐色斑纹，尾细长。

【生境类型】　生活于山区灌丛中，营树栖生活。食小型鸟类、鸟卵、蜥蜴类。

【国内分布】　四川、贵州、安徽、浙江、江西、湖南、湖北、福建、台湾、海南、广西均可见。

【保护区分布】　保护区内偶见于百溪河海拔1000m以下的区域。

朱晓琴　摄影

12 翠青蛇

Ptyas major

有鳞目 Squamata 游蛇科 Colubridae

【形态特征】 中等大小无毒蛇，平均体长75～90cm，最大可达120cm。身体背面草绿色，下颌、咽喉部及腹部黄绿色，下颌边缘及颌沟有绿色斑点。身体绿色，吻端窄圆，鼻孔卵圆形，瞳孔圆形，背平滑无棱，仅雄性体后中央5行鳞片偶有弱棱，通体15行。卵呈卵圆形，橙黄色，幼蛇身体带有黑色斑点。

【生境类型】 多活动在耕作区的地面或树上，或隐居于石下，也栖息于山地阔叶林和次生林。垂直分布海拔200～1700m。

【国内分布】 分布于安徽、重庆、福建、甘肃、广东、广西、贵州、海南、河南、湖北、湖南、江苏、江西、陕西、上海、四川、台湾、香港、浙江等地。

【保护区分布】 保护区内常见于海拔1000m左右的区域。

向明贵 摄影

陈敏豪　摄影

13 乌梢蛇

Ptyas dhumnades

有鳞目 Squamata　游蛇科 Colubridae

【形态特征】 大型无毒蛇，蛇体全长2.5m以上，一般雌蛇较短。头部椭圆形，眼睛较大，瞳孔圆形，鼻孔大而椭圆形，位于两鼻鳞之间。

【生境类型】 生活在丘陵地带，以蛙类、蜥蜴、鱼类、鼠类等为食。

【国内分布】 广泛分布于我国各地。

【保护区分布】 保护区各区域常见，喜栖息于水边灌丛。

向明贵　摄影

朱晓琴　摄影

朱晓琴 摄影

陈敏豪　摄影

14 双全链蛇

Lycodon fasciatus

有鳞目 Squamata　游蛇科 Colubridae

【形 态 特 征】　中等大小无毒蛇，全长60～95.7cm。头扁平，吻钝，头颈区别明显，全身具黑白相间的环纹，背鳞中央数行起棱，17-17-15行，眶前鳞与前额鳞相接，前额鳞不入眶。

【生 境 类 型】　山区森林多见，树上、灌木丛中、石下均可见，性温和，不主动攻击人。

【国 内 分 布】　分布于安徽、福建、江西、湖北、广东、广西、四川、贵州、云南、陕西、甘肃。

【保护区分布】　保护区内偶见于海拔1000m以上的区域。

向明贵　摄影

15 赤链蛇

Lycodon rufozonatus

有鳞目 Squamata 游蛇科 Colubridae

【形态特征】 中等大小无毒蛇，全长80～130cm。头较宽扁，头部黑色，枕部具红色"∧"形斑，体背黑褐色，具多数（60个以上）红色窄横斑，腹面灰黄色，腹鳞两侧杂以黑褐色点斑。 眼较小，瞳孔直立，椭圆形。

【生境类型】 栖息于海拔1900m以下的丘陵、平原；常见于田野、竹林、村舍及水域附近。

【国内分布】 广泛分布于各省份。

【保护区分布】 保护区内各区域均常见。

陈敏豪 摄影

16 玉斑锦蛇

Euprepiophis mandarinus

有鳞目 Squamata　游蛇科 Colubridae

【形态特征】　中等大小无毒蛇，全长1m左右，尾长约为全长的1/5。背面紫灰色或灰褐色，正背有一行（18~31）+（6~11）个约等距排列的黑色大菱斑，菱斑中心黄色；腹面灰白色，散有长短不一、交互排列的黑斑。头背部黄色，有典型的黑色倒"V"字形套叠斑纹。

【生境类型】　栖息于海拔300~1500m的平原山区林中、溪边、草丛，也常出没于居民区及其附近。

【国内分布】　分布于南部和中部。

【保护区分布】　保护区内偶见于百溪河等低海拔区域。

向明贵　摄影

向明贵 摄影

17 紫灰蛇

Oreocryptophis porphyraceus

有鳞目 Squamata　游蛇科 Colubridae

【形态特征】 中等大小无毒蛇，成体全长接近1m，尾长占全长的1/7到1/6。背面淡藕褐色或紫灰色，有（9～17）+（2～6）个约等距排列的马鞍形黑斑横跨体尾背面，鞍斑在幼蛇呈黑色，随年龄增长，除边缘呈黑线纹外，中央色变淡，有2条黑褐色细纵纹贯连前后鞍斑，头背有3条黑色纵纹；腹面玉白无斑。

【生境类型】 栖息于海拔200～2400m山区的林缘、路旁、耕地、溪边及居民点，以小型啮齿类动物为食。

【国内分布】 分布于中部及南部（包括台湾）。

【保护区分布】 保护区内常见于百溪河。

【保护级别】 IUCN：近危（NT）。

姜中文　摄影

18 王锦蛇

Elaphe carinata

有鳞目 Squamata　游蛇科 Colubridae

【形态特征】 大型无毒蛇，体粗壮，成体全长2m左右。头略大，头背鳞缝黑色，显"王"字斑纹；瞳孔圆形；吻鳞头背可见；鼻间鳞长宽几相等；前额鳞与鼻间鳞等长。

【生境类型】 栖息于山区、丘陵地带，平原也有，常于山地灌丛、田野沟边、山溪旁、草丛中活动；性凶猛，行动迅速。昼夜均活动，以夜间更活跃。

【国内分布】 浙江、江西、安徽、江苏、福建、湖南、湖北、广西、广东、云南、贵州、陕西、河南、甘肃及台湾等均可见。

【保护区分布】 保护区内常见于百溪河。

向明贵　摄影

19 黑眉锦蛇

Elaphe taeniura

有鳞目 Squamata　游蛇科 Colubridae

【形态特征】 大型无毒蛇，全长可达2m左右。头和体背黄绿色或棕灰色；眼后有1条明显的黑纹，体背的前、中段有黑色梯形或蝶状斑纹，略似秤星，故又名秤星蛇；由体背中段往后斑纹渐趋隐失，但有4条清晰的黑色纵带直达尾端，中央数行背鳞具弱棱。

【生境类型】 栖息于高山、平原、丘陵、草地，也常在稻田、河边及草丛中活动，有时活动于农舍附近。善攀爬，喜食鼠类，常因追逐老鼠而出现在农户的居室内、屋檐及屋顶上。

【国内分布】 分布于河北、山西、陕西、甘肃、湖北、西藏、四川（东部）的广大地区以及海南、台湾等岛屿。

【保护区分布】 保护区内常见于各河流。

朱晓琴　摄影

张国锋　摄影

向明贵　摄影

向明贵　摄影

20 锈链腹链蛇

Hebius craspedogaster

有鳞目 Squamata　水游蛇科 Natricidae

【形态特征】 中等偏小无毒蛇，全长60~71.6cm。头长圆形，与颈区别明显，瞳孔圆形；体长柱形，尾细长。背面黑褐色或褐色，头背暗棕色，枕部两侧各有1个椭圆形肉色枕斑；体背略显2条红锈色纵纹，纹上有浅色小斑点；腹面淡黄色，每枚腹鳞及尾下鳞两侧各有1个黑色窄条斑，前后断续相连成链状纵纹。

【生境类型】 栖息于海拔620~1800m的山区、丘陵地带，常见于水田、道边、水域附近，白日活动。食蛙、蟾、蝌蚪，也食小鱼。

【国内分布】 河南、山西、陕西、甘肃、四川、贵州、湖北、安徽、江苏、浙江、江西、湖南、福建、广东均可见。

【保护区分布】 保护区内常见于百溪河。

陈敏豪　摄影

向明贵　摄影

21 颈槽蛇

Rhabdophis nuchalis

有鳞目 Squamata　水游蛇科 Natricidae

【形态特征】　中等大小毒蛇。头背橄榄绿色，上唇鳞色略浅，部分鳞缘黑色；头腹面灰褐色。躯干及尾背面橄榄绿，杂以绛红色及黑斑，鳞间皮肤白色；腹面砖灰色，密缀绛红色，后半尤甚。

【生境类型】　多栖息于海拔1000m以上的山区，路边、草丛石堆、耕作地或水域附近都可发现。白天活动，以蚯蚓或蛞蝓等为食。

【国内分布】　分布于四川、陕西、贵州、湖北、甘肃等。

【保护区分布】　保护区内偶见于高海拔区域，如香党坪。

向明贵　摄影

朱晓琴　摄影

22 虎斑颈槽蛇

Rhabdophis tigrinus

有鳞目 Squamata　水游蛇科 Natricidae

【形态特征】　中等大小毒蛇，成体全长90~130cm。背面翠绿色或草绿色，体前段两侧有粗大的黑色与橘红色斑块相间排列。颈背有较明显的颈槽；枕部两侧有1对粗大的黑色"八"字形斑，躯干前段黑红色斑相间。

【生境类型】　栖息于山地、丘陵、平原地区的河流、湖泊、水库、水渠、稻田附近。以蛙、蟾蜍、蝌蚪和小鱼为食，也吃昆虫、鸟类、鼠类等。

【国内分布】　广泛分布于各省份。

【保护区分布】　保护区内偶见于百溪河等低海拔区域。

龚仁琥　摄影

23 大眼斜鳞蛇

Pseudoxenodon macrops

有鳞目 Squamata　游蛇科 Colubridae

【形态特征】　中等大小无毒蛇。头和颈部铅色，颈背有1个黑色箭形斑，颈部及背中线直到尾端约有50个黄色或红砖色斑纹，斑纹边缘黑色。生活于高山地区，捕食蛙类。无毒。大眼斜鳞蛇头背有1个箭形斑，但其外缘无细白线纹；上唇鳞7～8枚，少数有6枚；背鳞起棱，体前段斜行排列。

【生境类型】　栖息于高原山区的山溪边、路边、菜园地、石堆上。受惊时体前段昂起，呼呼出声，有时常在小石块上盘曲不动。蛇身有奇臭。常白天活动。主要吃蛙。

【国内分布】　分布于福建、台湾、河南、湖北、湖南、广西、四川、贵州、云南、西藏、陕西、甘肃。

【保护区分布】　保护区各区域均常见。

朱晓琴　摄影

向明贵 摄影

张国锋　摄影

向明贵 摄影

24 黑头剑蛇

Sibynophis chinensis

有鳞目 Squamata　游蛇科 Colubridae

【形态特征】　体形细长的小型无毒蛇，全长约66.7cm。头较大，与颈区分明显。头背黑色，体背面棕褐色或黑褐色，有1条黑色脊纹，幼蛇黑色脊纹清晰；腹面黄白色，每枚腹鳞两侧有1个黑色点斑，前后缀连成二纵线。

【生境类型】　栖息于海拔150～2000m的山区，常见于石洞、树丛下。

【国内分布】　分布于甘肃、四川、江苏、湖北、河南、陕西、浙江、贵州、江西、福建、广西、安徽、海南、湖南。

【保护区分布】　保护区百溪河常见。

向明贵　摄影

Part 3

兽类
Mammals

01 猕猴

Macaca mulatta

灵长目 Primates　猴科 Cercopithecidae

【形态特征】 体长0.4~0.5m。个体稍小，颜面瘦削，头顶没有向四周辐射的漩毛，额略突，肩毛较短，尾较长，约为体长之半。多为灰黄色，有颊囊。四肢均具5指（趾），有扁平的指甲。臀胝发达，肉红色。

【生境类型】 从低丘到海拔3000~4000m，僻静且食物丰富的各种环境都有栖息。群居，以树叶、嫩枝、野菜及各种小动物等为食。

【国内分布】 从青藏高原东部山地到东海岸、海南岛，最北到北京东部均有分布。

【保护区分布】 保护区内帅家坪、泉河、杨家台等地均可见。

【保护级别】 CITES：附录II。国家二级保护野生动物。

红外相机 拍摄

红外相机　拍摄

02 黑熊

Ursus thibetanus

食肉目 Carnivora　熊科 Ursidae

【形态特征】 体长1.5～1.7m，尾长10～16cm；体重130～250kg。身体肥大，毛被漆黑色。胸部具有白色或黄白色月牙形斑纹；头宽而圆，吻鼻部棕褐色或赭色，下颏白色。颈的两侧具丛状长毛。胸部毛短，一般短于4cm。前足腕垫发达，与掌垫相连；前后足皆5趾，爪强而弯曲，不能伸缩。

【生境类型】 林栖动物，主要栖息于阔叶林和针阔混交林中，在南方的热带雨林和东北的柞树林都有栖息。

【国内分布】 分布很广。北自黑龙江，南至海南岛以及喜马拉雅山南坡均可见。但由于环境的变迁，许多地方已绝迹。

【保护区分布】 百溪河、南山、顶坪、栗子坪、六里溪、王家湾等地可见。

【保护级别】 CITES：附录I。IUCN：易危（VU）。国家二级保护野生动物。

红外相机　拍摄

红外相机 拍摄

红外相机　拍摄

03 黄喉貂

Martes flavigula

食肉目 Carnivora　鼬科 Mustelidae

【形态特征】　体重1.5～2kg。体形似果子狸，但躯体较细长，头和尾均呈黑褐色。体背前半部棕黄色，后半部黄褐色；喉、胸部腹面鲜橙黄色，腹毛灰白色；四肢棕褐色。尾长超过体长之半。

【生境类型】　栖息于海拔200～3000m的针叶林和潮湿落叶林中。行动迅速、敏捷，常见跳跃式前行，是高效率的捕食者。食性较杂，具有出色的爬树能力，攻击能力强，不甚惧人。

【国内分布】　广布于西南部、南部和东部。

【保护区分布】　保护区内黄粮坪、独岭、香党坪、羊子溪等地均可见。

【保护级别】　CITES：附录Ⅲ。国家二级保护野生动物。

红外相机　拍摄

红外相机 拍摄

04 黄腹鼬

Mustela kathiah

食肉目 Carnivora　鼬科 Mustelidae

【形 态 特 征】 外形像黄鼬，但更细长，体长260～340mm，尾长超过体长之半；体重200～300g。体毛短，背腹毛的分界线明显；体背面从吻端经眼下、耳下、颈背到背部及体侧、尾和四肢外侧均呈棕褐色；体腹面从喉、颈下腹部及四肢内侧呈沙黄色；四肢下部浅褐色；嘴角、颏及下唇为淡黄色。

【生 境 类 型】 多栖于山地森林、草丛、低山丘陵、农田及村庄附近。有时也见于海拔3000m以上的高山。穴居性，白天很少活动，会游泳，很少上树，性情凶猛，行动敏捷。食物以鼠类为主。

【国 内 分 布】 分布在广东、海南、广西、福建、浙江、四川、贵州、云南、安徽、湖北、台湾等地。

【保护区分布】 保护区内王家湾、沙田湾、关门峡等地可见。

【保 护 级 别】 CITES：附录Ⅲ。

红外相机　拍摄

红外相机　拍摄

05 黄鼬

Mustela sibirica

食肉目 Carnivora　鼬科 Mustelidae

【形态特征】 俗名黄鼠狼。体形细长，四肢短，头小而颈长；耳壳短宽，尾长为体长之半，肛门腺发达，四肢五趾间有很小的皮膜，冬季尾毛长而蓬松。体毛基本为棕色，可因不同地方和不同季节而有深浅变化；腹毛稍浅淡，背腹毛色无明显的分界。

【生境类型】 栖息于山地和平原，见于林缘、河谷、灌丛和草丛中，也常出没在村庄附近。居于石洞、树洞或倒木下。

【国内分布】 广布于中部、东部、南部和西北部。

【保护区分布】 保护区内核桃垭、独岭、六里溪等地可见。

【保护级别】 CITES：附录Ⅲ。

红外相机　拍摄

红外相机　拍摄

06 鼬獾

Melogale moschata

食肉目 Carnivora　鼬科 Mustelidae

【形态特征】　体形介于貂属和獾属之间，体重1～1.5kg，体长315～417mm。鼻吻部发达，鼻垫与上唇间被毛，颈部粗短，耳壳短圆而直立，眼小且显著。前后足具5趾，趾垫较厚，爪侧扁而弯曲，前爪特长，尤以第二、三爪最为明显，适于挖掘生活，后爪仅及前爪之半。

【生境类型】　栖息于亚热带森林、灌丛、草地和接近人类的农业区等多种生境。鼬獾夜行性，穴居，行动较迟钝，杂食性，季节性活动变化较明显。

【国内分布】　分布于中部和南部的中低海拔区域。

【保护区分布】　保护区内百溪河、沙田湾、王家湾、六里溪等地均可见。

【保护级别】　CITES：附录I。IUCN：易危（VU）。国家二级保护野生动物。

红外相机　拍摄

红外相机 拍摄

07 猪獾

Arctonyx collaris

食肉目 Carnivora　鼬科 Mustelidae

【形态特征】 外形和大小酷似狗獾，体重10kg以上，体长650～700mm。体毛黑褐色，间杂灰白色针毛；与狗獾的主要区别为鼻垫与上唇间裸露，鼻吻部狭长而圆，似猪鼻。从前额到额顶中央有1条短宽的白色条纹，并向后延伸至颈背；两颊在眼下各具1条污白色条纹；下颌及喉部白色，向后延伸几达肩部。毛色因地区不同常有变化。

【生境类型】 生活习性与狗獾基本相似，穴居，住岩洞或掘洞而居。性凶猛，叫声似猪；视觉差，嗅觉发达；夜行性；食性杂，尤喜食动物性食物。

【国内分布】 广布于西南部、中部和东部。

【保护区分布】 保护区内百溪河、沙田湾、王家湾、六里溪等地均可见。

红外相机　拍摄

红外相机　拍摄

红外相机　拍摄

08 果子狸

Paguma larvata

食肉目 Carnivora　灵猫科 Viverridae

【形态特征】 别名花面狸。体重4～8kg。面部有明显的白斑，头额中央的一条白纹延伸至鼻垫最显著，从而成"花面"；身上无斑纹，体背和四肢多为灰棕色或棕黄色，腹部浅黄色；尾两色，尾端黑色，其余同体色。

【生境类型】 分布区可覆盖从海平面到海拔3000m以上的地区。见于多种森林栖息地，从原始常绿林到落叶次生林均可见，也见于农业区。

【国内分布】 广布于南部、东部、中部。

【保护区分布】 保护区内百溪河、南山、顶坪、栗子坪、六里溪、王家湾等地均可见。

【保护级别】 CITES：附录Ⅲ。

红外相机　拍摄

红外相机 拍摄

09 豹猫

Prionailurus bengalensis

食肉目 Carnivora 猫科 Felidae

【形态特征】 为猫科动物中体较小的食肉类，略比家猫大，体重2~3kg，体长400~600mm，尾长超过体长的一半，为220~400mm。头圆形。两眼内侧至额后各有1条白色纹，从头顶至肩部有4条黑褐色点斑，耳背具有淡黄色斑，体背基色为棕黄色或淡棕黄色，胸腹部及四肢内侧白色，尾背有褐斑点或半环，尾端黑色或暗棕色。

【生境类型】 可从低海拔海岸带一直分布到海拔3000m的高山林区。主要栖息于山地林区、郊野灌丛和林缘村寨附近。在半开阔的稀树灌丛生境中数量最多。

【国内分布】 广布，见于除北部和西部的干旱区与高原区域以外的绝大部分省份。

【保护区分布】 保护区内百溪河、沙田湾、王家湾、六里溪等地可见。

【保护级别】 CITES：附录II。国家二级保护野生动物。

红外相机 拍摄

10 金猫

Pardofelis temminckii

食肉目 Carnivora　猫科 Felidae

【形 态 特 征】　中型猫科动物，貌似豹，体长75～100cm，尾长34～56cm，体重10kg左右。两眼内角各有宽的白色或黄白色条纹，至头顶转为红棕色，棕色纹两侧各有细黑纹伴衬；面颊两侧有白色和深色相间的条纹；四肢上部有斑点。

【生 境 类 型】　栖息于热带和亚热带的湿润常绿阔叶林、混合常绿山地林和干燥落叶林当中。也会见于灌丛、草原和开阔多岩石的地区。

【国 内 分 布】　见于西藏、安徽、湖北、四川、云南、广西、广东、福建和江西等省份。

【保护区分布】　保护区内百溪河、南山、顶坪、栗子坪、六里溪、王家湾等可见。

【保 护 级 别】　IUCN：近危（NT）。国家一级保护野生动物。

红外相机　拍摄

11 野猪

Sus scrofa

鲸偶蹄目 Cetartiodactyla　猪科 Suidae

【形态特征】 外形与家猪相似，吻部十分突出。四肢较短。尾细。躯体被有硬的针毛。背上鬃毛发达，长约140mm，针毛与鬃毛的毛尖大多有分叉。体重约150kg，最大的雄猪可达250kg以上。成体体长为1～2m，雄猪较雌猪大。雄猪的犬齿特别发达，上下颌犬齿皆向上翘，俗称"獠牙"，露出唇外。雌猪獠牙不发达。毛色一般为棕黑色，面颊和胸部杂有黑白色毛。幼猪躯体呈淡黄褐色，背部有6条淡黄色纵纹，俗称"花猪"。

【生境类型】 环境适应性极强。栖息环境跨越温带与热带，从半干旱气候至热带雨林、温带林地、半沙漠和草原都有分布。杂食性，可以取食所遇到的几乎所有可吃的食物，是植物种子的主要传播者。通常群居，但社会结构松散。

【国内分布】 除干旱荒漠和高原区外，遍布中国。

【保护区分布】 保护区内百溪河、南山、顶坪、栗子坪、六里溪、王家湾等地可见。

红外相机 拍摄

红外相机　拍摄

红外相机　拍摄

红外相机　拍摄

12　林麝

Moschus berezovskii

鲸偶蹄目 Cetartiodactyla　麝科 Moschidae

【形态特征】 体重 7~9 kg，成体毛色全身暗褐色，没有斑点，臀部毛色更深，颈下纹明显。耳背端毛色褐色。尾短，隐于毛丛中，不外裸露。

【生境类型】 主要栖息于针阔混交林，也适于在针叶林和郁闭度较差的阔叶林生境生活。栖息海拔可达2000~3800m，但低海拔环境也能生存。林麝是一种胆小怯懦、性情孤独的动物，白天休息，早晨和黄昏才出来活动。

【国内分布】 主要分布于宁夏六盘山、陕西秦岭山脉；东至安徽大别山、湖南（西部）、湖北；西至四川、西藏（波密、察偶）、云南（北部）；南至贵州、广东及广西北部山区。

【保护区分布】 保护区内水滩头、六里溪、杨家河、王家湾、灰沙溪等地可见。

【保护级别】 CITES：附录II。IUCN：濒危（EN）。国家一级保护野生动物。

红外相机　拍摄

红外相机　拍摄

红外相机　拍摄

13 毛冠鹿

Elaphodus cephalophus

鲸偶蹄目 Cetartiodactyla　鹿科 Cervidae

【形态特征】 体形似麂，体重16～28kg；体毛青灰色，尾背面黑色，腹面白色，似黑麂，但额顶部有马蹄形黑色冠毛（黑麂为棕色）；雄性有角，但很短小，角冠不分叉，其长度仅1cm左右；无额腺，但眶下腺特别发达。

【生境类型】 栖息于山地森林环境，活动海拔范围很广，可高达4000m。其栖息地类型多样，包括天然的森林、灌木和各种次生植被及部分人工林。

【国内分布】 广布于南部。

【保护区分布】 保护区内百溪河、南山、顶坪、栗子坪、六里溪、王家湾等地可见。

【保护级别】 IUCN：近危（NT）。国家二级保护野生动物。

红外相机 拍摄

红外相机 拍摄

14 小麂 中国特有种

Muntiacus reevesi

鲸偶蹄目 Cetartiodactyla 鹿科 Cervidae

【形态特征】 为麂属中体型最小的种类，成体体重仅10～15kg。雄麂有角，角柄长约4cm，角冠长约7cm，仅分1～2cm的小叉；雄性有獠牙，但较粗短；两性有额腺和眶下腺；毛色多变异，一般上体棕黄色，但有的沙黄色，有的暗棕色，额腺两侧至角柄内侧有1条棕黑色条纹，雌性两侧黑纹在额顶会合成棱状六角形，顶端黑纹延伸到颈背；尾背毛与背部同色，尾腹面及腹部白色，四肢棕黑色。头骨略呈三角形，前颌骨与鼻骨分离。

【生境类型】 栖息于灌丛覆盖的岩石地段和较开阔的松、栎林地，或森林边缘的灌丛、杂草丛中。性怯懦且孤僻，营独居生活，很少结群，其活动范围小，经常游荡于其栖处附近，常出没在森林四周或粗长的草丛周围，很少远离其栖息地。

【国内分布】 分布于中部、南部和东南部以及台湾。

【保护区分布】 保护区内百溪河、南山、顶坪、栗子坪、六里溪、王家湾等地可见。

红外相机 拍摄

红外相机 拍摄

15 中华斑羚

Naemorhedus griseus

鲸偶蹄目 Cetartiodactyla 牛科 Bovidae

【**形态特征**】 被毛深褐色、淡黄色或灰色，表面覆盖少许黑色针毛，具有短的深色鬣毛和1条粗的深色背纹。四肢色浅与体色对比鲜明，有时前肢红色具黑色条纹。喉部浅色斑的边缘为橙色，颏深色，腹部浅灰色，尾不长但有丛毛。

【**生境类型**】 栖息于高海拔陡峭及多岩石的山区，分布范围海拔跨度较大，在海拔1000～4400m地区可见。可独居活动、成对活动或结小群活动，年老雄性通常独居。以草叶、灌木枝叶、坚果和水果为食。

【**国内分布**】 分布于北部、中部、南部和东部各省份。

【**保护区分布**】 保护区内界头、顶坪、纸厂河等地可见。

【**保护级别**】 CITES：附录I。IUCN：易危（VU）。国家二级保护野生动物。

红外相机 拍摄

红外相机　拍摄

红外相机　拍摄

16 中华鬣羚

Capricornis milneedwardsii

鲸偶蹄目 Cetartiodactyla　牛科 Bovidae

【形态特征】　体型中等，体长140cm左右。耳郭发达，耳长16~17cm。眶下腺大而明显。雌雄均具角，横切面呈圆形，两角几乎平行并呈弧形向后伸展，角尖斜向下方。头后、颈背具长的鬣毛。上体褐灰色、灰白色或黑色。腋下和鼠蹊部呈锈黄色或棕白色。四肢腿部外侧为黑灰锈色或栗棕色。尾色与上体色调相同。

【生境类型】　主要栖息于热带雨林和亚热带常绿阔叶林带；平时常在林间大树旁或巨岩下隐蔽和休息，以草类、树叶、菌类和松萝为食。

【国内分布】　广布于中部和南部各省份。

【保护区分布】　保护区内六里溪、栗子坪、纸厂河、王家湾等地可见。

【保护级别】　CITES：附录I。IUCN：易危（VU）。国家二级保护野生动物。

红外相机　拍摄

红外相机　拍摄

红外相机　拍摄

17 隐纹花鼠

Tamiops swinhoei

啮齿目 Rodentia　松鼠科 Sciuridae

【形态特征】 体长13cm左右，头和躯干加在一起通常不到15cm。耳尖无丛毛簇，尾毛也不紧贴尾干，显得蓬松；体背毛棕褐色，在头顶、体背中部和臀部的颜色较显著，毛基部灰黑色。

【生境类型】 广泛栖息于各种林地，以亚热带森林为主，常在林缘和灌丛，垂直分布以中海拔为主，一般在海拔400～1200m活动。

【国内分布】 分布于云南（丽江）、四川（西南部）、贵州、广东、广西、海南、福建、台湾、浙江、江西、安徽、河南、湖北、湖南、河北、北京、陕西、甘肃、西藏（东南部）等地。

【保护区分布】 保护区内六里溪、栗子坪、界头等可见。

红外相机　拍摄

红外相机 拍摄

18 红腿长吻松鼠

Dremomys pyrrhomerus

啮齿目 Rodentia　松鼠科 Sciuridae

【形态特征】 股外侧、臀部至膝下具显著的锈红色。吻较长，近锥形。额顶、背毛及腿上部暗橄榄黑色，背中央色较深，体侧棕黄色；腹部淡黄白色。两颊及颈部橙棕色。耳后斑明显。尾背暗橄榄绿色，尾腹中线暗棕红色，尾基腹面及肛门周围带暗棕红色。鼻骨前伸。颧骨粗壮。听泡较小。

【生境类型】 栖息于海拔1000m左右的亚热带林区内，营半树栖生活，在石缝或树洞中筑巢。杂食性，主要以植物的果实、嫩枝叶及昆虫等为食。

【国内分布】 分布于中南部各省份和海南。

【保护区分布】 保护区内百溪河、南山、顶坪、栗子坪、六里溪、王家湾等地可见。

红外相机 拍摄

红外相机 拍摄

张国锋　摄影

19 岩松鼠

Sciurotamias davidianus

啮齿目 Rodentia　松鼠科 Sciuridae

【形态特征】　体背面呈暗灰色带黄褐色；体腹面橙黄色微带浅黄色或呈浅黄褐色；尾蓬松，尾背面、两侧和远端有明显的白色毛尖，下面中央黄褐色；眼眶浅黄白色至淡黄褐色；耳内外侧均有黑褐色毛，耳后有1个白斑，向后延伸至颈部两侧，分别形成1条不甚明显的白色短纹；喉部通常有1个白斑；后足背面与体背面毛色相似或呈黑色，后足足底被以密毛，无长形蹠垫。

【生境类型】　半树栖半地栖，偏爱岩石地形，行动敏捷，性机警，胆大，在岩石缝隙之间的深处筑巢。

【国内分布】　遍布中部广大地区。

【保护区分布】　保护区内顶坪、纸厂河、独岭等地可见。

张国锋　摄影

红外相机　拍摄

20 红白鼯鼠 中国特有种

Petaurista alborufus

啮齿目 Rodentia 松鼠科 Sciuridae

【形态特征】 体长35～60cm，体重2000g。头短而圆，眼睛很大，眼圈赤栗色，瞳孔特别大，可以感受微弱光线，适宜于在地洞黑暗的世界里生活。身体背面体毛为红色，面部和身体腹面为白色。尾长达40～50cm，几乎与身体的长度相等。

【生境类型】 栖息于海拔1000～3000m的亚热带常绿阔叶林、针阔混交林及暗针叶林。通常营巢于高大的树冠或树洞，滑翔能力强。食物包括植物的嫩枝、叶、果实等，也有昆虫及鸟卵等。

【国内分布】 遍及中部和南部。

【保护区分布】 保护区内沙田湾、纸厂河、六里溪等地可见。

聂才爱 摄影

聂才爱　摄影

聂才爱 摄影

21　灰头小鼯鼠

Petaurista caniceps

啮齿目 Rodentia　松鼠科 Sciuridae

【形态特征】 眼周呈红棕色；耳后有1个棕色斑块；头顶、颈、肩呈灰色；四肢及飞膜边缘呈红棕色；尾灰色，略带棕色，尾稍黑色。

【生境类型】 栖息在海拔2100～3600m的温带栎树林、杜鹃灌木林和高山针叶林，严格的树栖型，夜间活动。通常单独活动。

【国内分布】 见于中部、西南部和南部（包括四川、云南、贵州、西藏、湖北、湖南、陕西、甘肃、广西）。

【保护区分布】 保护区内纸厂河、独岭等地可见。

红外相机　拍摄

红外相机 拍摄

22 白腹巨鼠

Leopoldamys edwardsi

啮齿目 Rodentia　鼠科 Muridae

【形态特征】 体形较粗壮，尾长而粗，耳壳大而薄，背毛棕褐色或略显淡棕色，腹毛纯白色。

【生境类型】 主要栖息于亚热带山地林区，常见于阔叶林、针阔混交林地带，或林木稀疏面靠近山坡农田的草地，喜选择近水沟的灌丛作为栖息位点。

【国内分布】 分布于台湾、西藏、云南、四川、重庆、贵州、甘肃、陕西、广西、海南、广东、湖北、湖南、江西、福建、浙江、安徽。

【保护区分布】 保护区内百溪河、栗子坪、独岭、王家湾等可见。

红外相机　拍摄

红外相机 拍摄

23 中国豪猪

Hystrix hodgsoni

啮齿目 Rodentia　豪猪科 Hystricidae

【形态特征】 较大型的啮齿动物，体形粗壮，全身披棘刺，颈脊有鬃状长毛；尾短，隐于棘刺中，尾毛特化为管状，俗称"尾铃"；棘刺呈纺锤形，两端白色，中间为黑色；体腹面及四肢的刺短小而软。在全身硬刺中间，夹杂有稀疏的长白毛。

【生境类型】 栖息于森林和开阔田野。在岩石和堤岸下挖洞穴，晚上出洞。

【国内分布】 广布于南部和中部。

【保护区分布】 保护区内独岭、香党坪、纸厂河等地可见。

红外相机　拍摄

红外相机　拍摄

24 蒙古兔

Lepus tolai

兔形目 Lagomorpha　兔科 Leporidae

【形态特征】 体型较大，尾较长，尾长约占后足长的80%，为国内野兔最长的种类，其尾背中央有1条长而宽的大黑斑，其边缘及尾腹面毛色纯白，直到尾基。耳中等长，是后足长的83%，上门齿沟极浅，齿内几无白色沉淀，吻粗短。

【生境类型】 多栖息在盐生植物的半荒漠和荒漠草原、绿洲或蒿属禾本科草原，以绿洲中的林丛、渠岸、休耕地等处常见。

【国内分布】 除西藏、广东、广西、福建、浙江、海南及台湾以外，各省份均可见。

【保护区分布】 保护区内独岭、纸厂河等可见。

红外相机　拍摄

红外相机 拍摄

中文名索引

学名索引